V^-

48894

PRÉCIS

SUR

LA STÉRÉOTYPIE,

PRÉCÉDÉ D'UN COUP D'ŒIL RAPIDE

SUR L'ORIGINE DE L'IMPRIMERIE ET DE SES PROGRÈS;

Par M. le M.is de Paroy,

Ancien colonel, chevalier de Saint-Louis, membre amateur de la ci-devant Académie royale de peinture et sculpture, et administrateur de l'Ecole gratuite de dessin.

Labor improbus omnia vincit.

ÉDITION STÉRÉOTYPE

D'APRÈS LE PROCÉDÉ DE MM. LE MARQUIS DE PAROY ET DUROUCHAIL.

PARIS,

IMPRIMERIE STÉRÉOTYPE DE COSSON.

1822.

PRÉCIS

SUR

LA STÉRÉOTYPIE,

PRÉCÉDÉ D'UN COUP D'ŒIL RAPIDE

SUR L'ORIGINE DE L'IMPRIMERIE ET DE SES PROGRÈS.

PRÉCIS

SUR

LA STÉRÉOTYPIE,

PRÉCÉDÉ D'UN COUP D'OEIL RAPIDE

SUR L'ORIGINE DE L'IMPRIMERIE ET DE SES PROGRÈS;

Par M. le Mis de Paroy,

Ancien colonel, chevalier de Saint-Louis, membre amateur de la ci-devant Académie royale de peinture et sculpture, et administrateur de l'Ecole gratuite de dessin.

Labor improbus omnia vincit.

ÉDITION STÉRÉOTYPE

D'APRÈS LE PROCÉDÉ DE MM. LE MARQUIS DE PAROY ET DUROUCHAIL.

PARIS,

IMPRIMERIE STÉRÉOTYPE DE COSSON.

1822.

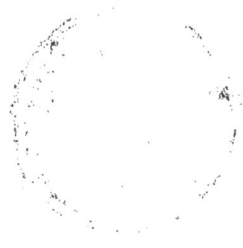

PRÉCIS

SUR

LA STÉRÉOTYPIE.

Arts et industrie des anciens pour publier ou transmettre les actes publics ou privés avant la découverte de l'imprimerie.

La découverte de l'écriture, ou plutôt le perfectionnement de cet art qui donne de l'âme et du corps aux pensées, n'a été que le développement d'une faculté innée; il restait à trouver un moyen propre à perpétuer à l'infini les lumières que chaque progrès de l'esprit humain amène dans l'ordre social, et hâter la civilisation du globe avec des monumens moins fragiles que les manuscrits, et la typographie a rempli cette attente avec des succès inespérés des anciens, qui ne connurent pas le papier, dont la fabrication et l'emploi ont peut-être facilité la propagation de cette heureuse découverte.

Pour remonter à l'origine de la typographie, et suivre les progrès de cette solennelle découverte, il ne faut pas perdre de vue la gravure, qui en est le berceau, d'ailleurs si ancienne qu'elle a été pratiquée aux époques florissantes de l'Inde, depuis en Egypte, en Grèce, et si généralisée qu'on en trouve des traces à la suite des peuples barbares et jusque dans les contrées les plus sauvages.

Homère, qui ne manque jamais de faire briller les arts comme comme étant le principe de toutes les expressions qui exaltent et agrandissent toutes les facultés de l'homme, fait mention nommément de la gravure en parlant du bouclier d'Achille et de la cuirasse d'Agamemnon. Pline, qui ne laisse échapper à ses lecteurs aucune des connaissances de l'antiquité, n'est pas moins explicite à l'égard de la gravure.

Si donc il paraît comme impossible d'assigner à cet art une origine certaine, du moins que l'on jette les yeux sur les monumens des anciens peuples : dans l'Ecriture c'est Moïse qui apporte aux Israélites les lois de Dieu gravées sur des tables de pierre, et Judas Machabée qui reçoit des Romains un traité d'alliance gravé sur cuivre. Ailleurs Talus, ministre de Minos, roi de l'île de Candie, promulgue les lois de l'état gravées sur des lames d'airain (1); à Rome l'incendie du Capitole sous le règne de Vitellius détruisit les tables d'airain qui traçaient les limites des terres que la république assignait aux soldats de ses colonies (2). Enfin de temps immémorial on a gravé en creux et en relief les médailles, les pierres fines, les métaux et le bois ; nous voyons même sur les plus anciens monumens des traces de la gravure au simple trait. On trouve en France, sur quelques tombeaux du onzième siècle, des plaques de fer battu, gravées dans le même procédé que nos planches en cuivre avec le burin; mais on n'a aucune notion que les anciens aient eu la moindre pensée d'en tirer des épreuves. Il n'en résulte pas moins que la gravure, en servant de typographie aux anciens, est devenue pour les modernes l'âme des ruines de l'an-

(1) Dialogue de Platon.
(2) Higin, qui écrivait sous Trajan.

tiquité, la chaîne de communication qui retient le
passé à l'avenir.

D'après ces témoignages il est évident que la
gravure préparait la typographie, et que les anciens n'avaient plus qu'un pas à faire pour trouver
l'imprimerie, qui en est le complément.

Origine de l'Imprimerie.

Ce qui paraîtra toujours contradictoire avec ce
que nous apprenons sur l'origine de l'imprimerie
c'est que, pendant que trois villes se disputent
l'honneur de l'invention, nous voyons la Chine en
faire usage plusieurs siècles avant elles : une dis-
cussion sur cet objet nous entraînerait trop loin.
En nous arrêtant à ce que nous savons de positif,
il paraît que les graveurs en bois en ont été les inventeurs depuis Masso Finiguerra, qui parvint à ex-
traire des empreintes du burin ; c'est l'opinion de
l'abbé Trithène, un des plus près de l'invention
et un des plus judicieux qui en aient écrit. Pros-
per Marchand et plusieurs autres manifestent la
même opinion, et enfin nos premiers livres en sont
les témoignages irrécusables : c'est là où l'on voit
marcher d'un pas égal et vers le même but la gravure et l'imprimerie.

Les plus anciens livres, tout à la fois gravés, ou
sculptés et imprimés datent, selon la chronologie
établie par Seizius, de 1431 à 1439. Ce sont ceux
qui caractérisent plus particulièrement l'origine de
l'imprimerie, parce qu'ils sont tout entiers de la
main des graveurs en bois. Ces livres, ou plutôt
ces recueils d'images, sont entremêlés de mots et
de dictions, soit en haut, soit en bas de la planche,
et quelquefois sur des banderoles, afin d'indiquer
le rôle des personnages, suivant l'usage du temps
et l'étroite sphère que parcouraient alors les arts

et toutes les connaissances humaines. Telle est l'origine de nos premiers livres et gravures qui en font l'ornement; ils ne contiennent la plupart que des matières ascétiques, des mystères, des effigies, des emblèmes qui ont rapport à la vie spirituelle, genre de spéculation qui convenait à l'esprit de dévotion qui régnait dans le quatorzième siècle et au clergé surtout, puissant, versé dans les anciennes lettres, et qui tenait l'éducation publique entre ses mains.

Progrès de la Typographie depuis la découverte de l'Imprimerie.

Laurent Coster, suivant Junius Scriver et Boxhorn, jeta les fondemens de l'imprimerie : Coster, disent ces auteurs, taillait des lettres en bois de hêtre en se promenant dans la campagne, et après avoir fait plusieurs essais sur des cartons, il entreprit l'impression du *Speculum salvationis*, livre orné de vignettes historiques gravées en bois. Les essais de ce graveur se répandirent avec une si grande rapidité que bientôt après on éleva des presses dans presque toutes les principales villes de l'Europe. La réputation des Guttemberg, des Faust, des Scheffer touche de bien près cette époque. Ces trois derniers ont principalement fixé à leur siècle la découverte de la typographie, et ils conservent dans la postérité la gloire d'en être les auteurs.

Que d'essais n'ont-ils pas faits avant de parvenir de la première page sculptée lettre à lettre en relief jusqu'à une forme composée de lettres mobiles en métal fondu, identiques et justifiées ! et quel triomphe, après tant de recherches, de matières tourmentées souvent sans fruit, d'avoir enfin trouvé l'avantage de multiplier à l'infini, identi-

quement, de nouvelles pages, avec les mêmes caractères remaniés, et sans cesse rétablis sous de
nouvelles formes.

Jean Guttemberg (1) vers 1740 s'associa avec
Faust, ou plutôt fut à Mayence, où ils firent leurs
premiers essais. Depuis long-temps Guttemberg
avait fait des tentatives pour perfectionner l'art
de l'imprimerie, qui se bornait en des pages de
lettres gravées en relief sur des planches de bois.
Pierre Scheffer, clerc de Faust (2), inventa les lettres mobiles et l'encre propre à imprimer; il les
communiqua à son maître, qui, appréciant son mérite, lui donna sa fille en mariage, et se l'associa
ainsi que Guttemberg. Il est vraisemblable qu'ils
eurent à eux trois assez de lumières pour combiner
les matières premières qui entrent dans la composition des caractères, comme aussi de graver les
poinçons des lettres en acier pour former avec
des matrices en les estampant dans des carrés
de cuivre rosette, qui s'ajustaient dans des moules
propres à y couler un métal, qui en prenaient l'empreinte, lesquels, étant justifiés, servaient à imprimer.

Les trois associés, arrivés au terme de leurs
travaux, imprimèrent plusieurs ouvrages, et surtout des Bibles d'un caractère tout-à-fait semblable
à l'écriture des meilleurs copistes du temps ; ils
en apportèrent plusieurs exemplaires à Paris, qu'ils
vendirent pour des manuscrits : la supercherie
n'avait rien de criminel ; mais l'extrême con-
formité qui régnait dans tous les exemplaires fût
prise pour de la magie par les esprits faibles, et

(1) Jean Guttemberg, natif de Strasbourg, est désigné
comme gentilhomme et bourgeois de Mayence. On ignore
l'année de sa mort.

(2) Faust, (Jean) natif de Mayence, n'est désigné
qu'avec la qualité de bourgeois de la même ville. Il mourut
vers l'an 1446.

sans l'intervention de l'autorité ils eussent été perdus par les congrégations religieuses, qui tentaient de faire tourner à leur profit la crédulité de l'ignorance. Jean Conrad Durius, savant théologien, dans une lettre écrite à un de ses amis, assure que Jean Faust et Pierre Scheffer furent accusés de magie par les moines irrités de ce que l'invention de l'imprimerie leur enlevait les gains qu'ils étaient accoutumés de faire en copiant les manuscrits. Les acquéreurs se pourvurent en justice contre Faust, qui se sauva à Mayence; mais le parlement le déchargea ainsi que ses associés de toutes les demandes de ceux qui avaient acheté les Bibles de leur imprimerie.

Tels sont, constamment reconnus, les trois premiers inventeurs de l'imprimerie, perfectionnée avec la découverte des caractères mobiles, et les faits qui accompagnent cette découverte, ainsi que nous l'apprend l'abbé Trithène dans sa Chronique d'Hirsangen, où il assure qu'il a connu Scheffer, et que c'est de celui-ci qu'il a appris ce qu'il rapporte touchant cette invention, dont il faut fixer la date en 1440, milieu du quinzième siècle.

Etat de l'Imprimerie depuis la découverte des caractères mobiles jusqu'à nous.

On convient assez généralement que depuis les trois inventeurs des caractères mobiles l'imprimerie n'a pas eu d'amélioration bien sensible. Il y aurait cependant de l'ingratitude à ne pas reconnaître les travaux des hommes industrieux et laborieux qui ont perfectionné les caractères, leurs variétés, les vignettes, les fleurons, les ornemens mis en œuvre avec tant de succès par les Etienne, les Elzévirs, les Cramoisy, les Grammond, les

Baskerville, les Fournier, les Barbou, les Didot, les Bodoni, les Pierres, Génard, Anisson Dupéron, Haas à Bâle, et les sacrifices faits par Franklin, lord Stanhope, Kœnitz et tant d'autres, pour tirer des sciences mécaniques et chimiques les moyens d'améliorer les presses, les encres d'impression et généralement tous les secours propres à répandre du goût, de la grâce, accélérer le tirage des feuilles sans nuire à la propreté indispensable, et même au luxe de la typographie (1). Cependant, soit faute d'encouragement, soit négligence, tant de sacrifices, couronnés de succès, n'ont pas toujours été bien accueillis en France; les Hollandais et les Anglais nous ont à cet égard donné des leçons; ils inventent peu, mais ils perfectionnent tout, et encouragent généreusement.

Les Anglais ont trouvé enfin la presse hydraulique, dont la première idée est due à Pascal (2), et M. Kœnitz a inventé la presse à vapeur, connue sous le nom de *presse de Benseletz*, qui imprime deux feuilles à la fois, *recto* et *verso*, et une troisième sur le *recto*, et rend trois mille exemplaires à l'heure; le *Times* à Londres est imprimé avec cette presse, sans autre service que celui d'un enfant; on ajoute que plus de quarante mille feuilles de ce journal sont tirées et livrées au public dans la journée. Il paraît comme impossible d'atteindre une exécution plus rapide dans l'impression.

(1) On peut voir chez M. Pankoucke, imprimeur-libraire à Paris, une presse qui peut imprimer 1200 feuilles par heure, et qui n'exige pour son service que le soin de trois ouvriers. Cette presse a été exécutée par M. Salneuve, mécanicien, sur des dessins envoyés de Londres.

(2) Voyez son *Traité sur l'équilibre*, publié vers 1650.

Idée de la Stéréotypie et du Cliché.

Plusieurs imprimeurs sont parvenus par des procédés différens que ceux indiqués ci-dessus à obtenir une planche solide, produite par l'opération du cliché. Cette opération consiste à estamper par l'action d'un mouton une matrice de métal faite avec des caractères mobiles, laquelle en tombant imprime ses lettres sur un métal préparé par la fusion, prêt à se figer, et forme une page de métal solide, qui marque en relief tous les caractères de la matrice, et sert à imprimer sous la presse les caractères fixes pareils à ceux de la forme mobile.

Ce procédé, employé avec le succès qu'obtiennent les nouveautés utiles par MM. Didot et Herhan, a eu des résultats dont le commerce typographique a profité, mais que la cherté ou la difficulté d'exécution a empêché d'autres typographes de les imiter.

Lord Stanhope, aussi connu par son amour pour les arts que par les grands sacrifices qu'il a faits pour les perfectionner, semble, par un procédé différent, avoir surmonté les difficultés de ceux de MM. Didot et Herhan. Il est parvenu à former à Londres une imprimerie stéréotype, dont on se sert depuis lui avec un grand succès. Il y a à Londres trois établissemens de stéréotypie d'après son procédé.

Le célèbre Lavoisier avait annoncé dans ses cours que, quelques tentatives que l'on fît pour se procurer des pages solides, on ne pourrait jamais y parvenir d'une manière satisfaisante au moyen du moulage avec des pâtes, mastics ou autres compositions dont on s'était servi pour faire des matrices, qu'il y avait trop de difficultés à surmonter et trop d'obstacles à vaincre pour en tirer une exécution bonne et constante, qu'il fallait trouver un moyen de faire des matrices bonnes et solides en métal, qui seul pouvait produire la pureté et le vif de l'œil de la lettre. M. Firmin Didot fut invité à le tenter, et, à force d'essais et de frais et par les conseils de plusieurs savans artistes, il est parvenu à se procurer des matrices solides qui lui ont produit des clichés avec lesquels il a imprimé nombre d'ouvrages qui ont été très-bien accueillis dans le commerce.

Sans entrer dans les détails ingénieux du procédé de ce typographe, il suffit de dire qu'il fit une planche-matrice de plomb avec une forme de caractères mobiles, dont le métal avait été préparé pour acquérir la force de densité nécessaire pour résister aux puissances de la pression. Cette même matrice lui servait à faire des clichés propres à imprimer.

Le procédé du clichage de MM. Didot et Herhan étant le même, en voici un exposé sommaire.

Du Cliché et de sa composition.

La première opération du cliché consiste à obtenir une bonne matrice, qu'on adapte au bout d'un mouton dit *clichoir*, et qu'on rend solide en la serrant fortement avec la vis d'une mâchoire qui y est adaptée. Ensuite on lève le clichoir à la hauteur d'une détente que donnent les lois de la pesanteur.

Le métal des caractères se compose de quatre-vingt-cinq livres de plomb et de quinze de régule d'antimoine; on en met quelquefois jusqu'à vingt bien fondu et amalgamés par la fusion. Lorsqu'on veut se servir de ce métal on le fait fondre de nouveau dans une marmite de fer; on y puise la quantité qu'on juge nécessaire pour le cliché avec une cuillère de fer, et l'on verse le métal dans une

petite caisse de papier collé et fort pour qu'elle ait du
soutien ; puis on le berce en tous les sens pour le pe-
lotter comme en une masse, ayant soin de ramasser
toujours les bords pour les ramener vers le centre :
lorsque la matière est prête à se figer on place promp-
tement la petite caisse qui la contient sous le milieu
de la matrice adaptée au mouton; on lâche la détente; le mouton tombe rapidement sur le métal, qui
reçoit l'empreinte en relief des caractères de la
matrice, de même que le coin de la monnaie produit
une médaille sous le balancier.

Cette première opération terminée, on dégage le
cliché de la matrice par les côtés avec une lame
préparée exprès, et on vérifie le cliché pour voir
s'il est défectueux, ce qui arrive fréquemment dans
les lettres fermées, telles que les *o, b, p, g, q*, susceptibles d'être altérées par les vents, et s'il y a
peu de lettres dans ce cas, on les enlève avec un
emporte-pièce ; si au contraire il s'en trouve beaucoup de défectueuses, il vaut mieux remettre à la
fonte le cliché, et en refaire un autre.

Si l'on juge que le cliché mérite d'être gardé,
on l'adapte à la plate-forme d'un tour en l'air,
entre deux coulisseaux, qu'on rapproche avec des
vis de rappel pour l'y assujétir; on a eu l'attention
de poser un carton bien uni entre le côté de la lettre
et la platine, pour empêcher l'œil du caractère de
se gâter; puis avec un outil en forme de burin
adapté à un support à chariot qu'on fait prome-
ner le long de la page par le moyen d'une vis de
rappel, on enlève les inégalités causées par l'action
du clichoir. Pour que les pages soient toutes de
la même épaisseur on place un cadran à la vis de
rappel, et l'aiguille indique l'épaisseur juste que
l'outil doit enlever. Puis on ôte la page de la plate-
forme pour y en placer une autre, à laquelle on
fait subir la même opération.

Quand on a ainsi tourné le dos de toutes les

pages, on en prend une que l'on pose sur une table de bois bien unie et épaisse, doublée d'une autre à contrefil pour qu'elle ne se tourmente pas. On y adapte deux coulisseaux mobiles, susceptibles d'avancer et reculer par le moyen d'une vis de rappel suivant leurs diverses grandeurs; elles doivent être d'équerre avec une règle de fer adaptée au bord de la planche par plusieurs vis à tête perdue, afin de laisser à un rabot qui doit glisser dessus la liberté de la parcourir, et faire les biseaux en chanfrein aux deux côtés de la page avec un fer aiguisé exprès : les deux coulisseaux à vis de rappel doivent être placés l'un d'un côté de la page parallèlement à la règle pour presser la page contre la règle de fer, l'autre en haut, bien en équerre avec la règle en fer, en parallèle du coulisseau d'en bas, où l'on pose la page, lequel coulisseau s'avance et recule par le moyen d'une vis de rappel mise en dedans ou dessous la table, laquelle en avançant ou reculant presse ou desserre la page au coulisseau d'en haut, et l'y maintient.

Pour faire les biseaux on a deux rabots, l'un pour ébaucher, et l'autre pour finir; quand la page est ainsi tournée et bisottée, on en tire une épreuve soit à la presse ou à la brosse ou au frotton pour voir les défauts, et on fait une remarque à chaque lettre qu'on veut changer ou corriger.

Moyen d'obtenir les corrections des pages clichées.

Avec des aiguilles aiguisées exprès et de petits burins préparés pour ce procédé on évide les lettres engorgées, et avec de petites échoppes on enlève les petites aspérités qui pourraient trop approcher les lettres, et marquer à l'impression; ensuite on met la page sous un emporte-pièce, en ayant soin de bien poser la lettre perpendiculaire-

ment au point correspondant à sa grosseur; puis
avec un coup de marteau sur le poinçon adapté
à l'emporte-pièce on fait tomber la lettre qu'on
veut changer; ensuite avec un onglet on évide la
place de la lettre supprimée si elle n'est pas assez
grande pour y recevoir une nouvelle lettre de caractère mobile.

Quand la planche est ainsi préparée on met le
côté de la lettre en dessus sur un marbre bien
dressé pour y ajuster adroitement une lettre de
caractère mobile à la place de celle qui manque ;
on fixe cette lettre dans le trou préparé comme ci
dessus en lui faisant au bas, au niveau de la page,
deux petites encoches ou entaillures, et on obser-
vera que la lettre substituée soit au niveau des autres, ce qui est de rigueur.

Si on juge que la lettre est bien placée, ce que
l'on voit en tournant adroitement la page, on fait
bien chauffer un fer à souder de ferblantier, au
bout duquel est un gros bouton de cuivre rosette,
que l'on avive avec une lime ou en le frottant sur
du sable ou du grès mis sur une petite planche;
ensuite on glisse le fer chaud le long de la queue
de la lettre du haut en bas; on descend à mesure
que le bouton de cuivre fond la matière de la lettre;
on conduit de cette manière la goutte qu'elle produit jusqu'en bas en la faisant couler dans les in-
terstices contigus à la lettre : ainsi soudée, elle
devient fixe et solide, et surtout bien de niveau
aux autres lettres, ne faisant plus qu'un corps avec
la page. On aura soin, avant de souder, de poser sur
le marbre indiqué ci-dessus un drap humide ou
plusieurs doubles de papier humecté, pour que la
chaleur du fer s'arrête à l'épaisseur de l'œil de la
lettre, qui, sans cette précaution, pourrait être altérée par la fusion du métal, ou se fondre entièrement.

Lorsque toutes les lettres défectueuses sont

remplacées on égalise avec une râpe toutes les petites aspérités que laisse le fer en soudant les lettres.

Quand on a plusieurs lettres de suite, un mot,
une phrase, même une ligne, on les assemble dans
le composteur, et on les soude toutes ensemble;
puis avec l'emporte-pièce on évide la place si elle
n'est que pour trois ou quatre lettres ; mais si c'est
deux mots ou la ligne, avec une petite scie on évide
la place pour y mettre la ligne ajustée dans le
composteur; on l'y soude comme une seule lettre.

Il y a encore une opération qui consiste à bais-
ser les espaces entre les lignes, surtout quand il
y en a deux qui se trouvent vides, sans quoi le tampon, en touchant les formes pour imprimer, sali-
rait ces espaces avec l'encre : l'épreuve guide pour
ce travail. La page ainsi corrigée est jugée bonne
pour être soumise à l'impression.

*Tirage de la forme clichée et ajustage des pages
avant d'être soumises à l'impression.*

Il faut avoir une table solide en chêne, doublée
et assemblée à contrefil , et bien l'enduire avec une
dissolution de cire dans de l'essence de térében-
thine, ce qui empêche l'humidité d'y pénétrer : la
table avec les planches clichées ne doit pas avoir
plus de hauteur que celle des châssis des formes
d'imprimerie ordinaire ; on y distribue les com-
partimens des pages suivant la grandeur des formats, c'est-à-dire en huit pour un in-8°, en douze
pour l'in-12, etc.; à l'endroit où on pose les pages
on y ajuste deux coulisseaux pour les y maintenir
en les glissant entre; elles y sont assurées par les
biseaux qu'elles ont des deux côtés : toutes les pages
ainsi fixées suivant leur format peuvent être livrées au tirage de l'impression.

L'imprimeur pose cette planche de bois garnie

2

de ses pages clichées de même qu'une forme ordinaire d'imprimerie ; on procède pour le tirage
comme avec les caractères d'usage. On tire environ
quinze épreuves d'essai, afin de se rendre compte
des défauts, et s'il ne se découvre pas de vent
sous les lettres, ce qui les fait fléchir ; soin très-
essentiel avant de mettre en train le tirage complet qu'on se propose d'obtenir.

On voit par ces détails combien il a fallu de recherches pour obtenir de bonnes pages clichées, et
enfin arriver à l'exécution d'un ouvrage complet.

Considérations sur le procédé du clichage.

Le procédé du clichage ne permet pas de faire
des pages d'un format plus grand que l'in-8°, encore est-ce en risquant beaucoup de clichés ; l'action du mouton ne pouvant frapper assez également
sur une surface plus grande, on n'a pu parvenir à
former des clichés format in-4° qu'en soudant
deux pages in-8° ensemble. Un Dictionnaire de
l'Académie a été exécuté ainsi, et même en trois
morceaux ; M. Firmin Didot a fait un grand in-8°
des tables de logarithmes avec des caractères mobiles qu'il avait coulés plus courts que ceux ordinaires ; il les a soudés tous ensemble, et par ce
moyen en a formé une masse solide, qui lui a fait
l'usage d'une forme stéréotypée. M. Didot, étant
tout à la fois fondeur, imprimeur et éditeur, a été
à même de faire d'avance ce sacrifice en employant
des caractères qui ne pouvaient plus servir à autre
usage ; toutefois il s'était assuré le débit ou l'é-
coulement de ce livre unique dans son genre, d'une
grande utilité, et dont les frais de composition
sont immenses, qui, sans son procédé, auraient été
perdus pour une seconde édition, et il a bien été
dédommagé par le succès des frais de sa fonte.

Procédé stéréotype de M. Herhan.

Le procédé de M. Herhan est entièrement opposé à celui de M. Firmin Didot ; ils n'ont de
commun que le cliché, dont l'opération est la même
pour tous deux.

M. Didot se procure une matière solide en
plomb propre à clicher des pages, en enfonçant
dans une surface de plomb épais enchâssé dans un
châssis de fer par le moyen d'une forte pression
des pages de caractères dont le métal est plus dur
que le plomb ; il est composé de quatre-vingt-
seize parties de métal d'imprimerie, et de quatre
parties de cuivre rosette, lequel suffit pour lui
donner une grande dureté sans diminuer sa propriété de bien former ses caractères dans le
moule ; cette matrice de plomb bien vérifiée sert à
former les clichés au mouton, comme il a été ex-
pliqué ci-dessus.

M. Herhan, ayant été employé au service des
assignats, a été à même d'en suivre tous les détails
et tous les essais qui ont été faits pour parvenir à
une entière exécution.

Le gouvernement avait fait un appel à tous les
savans et artistes pour trouver un moyen prompt
et sûr de fabriquer un papier-monnaie pour
mettre en circulation : on mit alors en réquisition
tous les ouvriers nécessaires à cette grande entreprise ; rien ne fut épargné pour suffire aux essais de
toute espèce et aux frais en tout genre qui furent
énormes, mais qu'on prodiguait facilement, parce
que du succès de l'opération dépendait le sort des
assignats, dont la mine produisit des milliards au
gouvernement républicain ; les frais des assignats
étaient d'ailleurs couverts par eux-mêmes.

Le talent encouragé vient à bout de tout ; aussi

la réunion des plus habiles artistes en France coopéra à la perfection des moules d'assignats : on en peut juger par un des types de cette opération déposé au Conservatoire des arts et métiers, ancienne abbaye Saint-Martin , rue Saint-Martin.

M. Herhan, directeur des travaux pour la fabrication des assignats, pensa qu'on pourrait appliquer à la typographie le même procédé; mais il fut effrayé des frais énormes que nécessiterait un pareil établissement en grand, qu'un souverain seul ou un gouvernement pourrait entreprendre, puisque chaque corps de lettre, pour être complet avec tous ses accessoires, devait coûter plus de 24,000 francs, ce qui porterait à plus de 2 millions tous les corps de lettres complets tant français qu'étrangers. Quarante années suffiraient à peine pour former tous les types en acier propres à poinçonner une à une les petites matrices creusées en cuivre, qui, étant réunies, doivent produire une page solide par le moyen du cliché, et prête à imprimer. Pour peu qu'on réfléchisse sur une pareille entreprise, on voit que les frais et le temps ne sont pas exagérés. Si on ajoute à cet aperçu le caprice et le goût passager des modes, l'entreprise était encore plus effrayante, surtout quand on pense que les frappes des caractères de Fournier, qui ont fait l'admiration de son temps, et qui servaient de modèles à toute l'Europe, sont aujourd'hui au rebut, et tellement abandonnées qu'aucun imprimeur ne veut s'en servir.

M. Herhan montra quelques échantillons du procédé qui avait servi à faire une page d'assignats à M. le comte de Salvandoff, seigneur prussien, amateur des arts et surtout de la typographie; ce seigneur usa de sa fortune pour encourager M. Herhan à poursuivre ses essais en se chargeant d'en faire les frais sans prévoir la conséquence du résultat; plus de 500 mille francs sacrifiés pour ob-

tenir seulement trois frappes de caractères lui firent ouvrir les yeux; il eut la prudence de s'arrêter.
M. Herhan reçut quelques secours du gouvernement, mais pas assez grands pour continuer. Il
n'a pas fait depuis de frappes nouvelles.

*Détail du procédé qui a servi à faire la page
d'assignats exposée au Conservatoire des Arts
et métiers, ancienne abbaye Saint-Martin.*

Il faut premièrement avoir un assortiment complet de tous les poinçons d'acier propres à former
un alphabet, ainsi que ses accessoires, points, vir-
gules, accens, etc. ; puis on prend un carré de
cuivre rouge, dit rosette; on le fait tirer à la filière
de l'épaisseur convenable à chaque lettre ; les *m*
doivent être plus épaisses que les *i ;* on les coupe
de la hauteur des caractères d'imprimerie; on a un
carré d'acier percé d'un trou aussi carré, où il y a
des deux côtés des réglettes d'acier qui servent à
presser le fil de cuivre contre le côté opposé aux
réglettes ; par le moyen de deux vis on introduit
dans le carré d'acier le morceau de cuivre coupé
de longueur des caractères d'imprimerie; on a un
second morceau d'acier percé, correspondant et
s'adaptant juste à celui qui retient le cuivre serré;
ce dernier sert de conducteur à un poinçon d'a-
cier sur lequel est gravée la lettre en relief; le poinçon, glissant juste dans le trou du carré du haut,
tombe perpendiculairement sur le morceau de
cuivre; on l'y enfonce avec un coup de marteau;
le poinçon y fait son empreinte en refoulant le
cuivre sur lui-même, puisqu'il ne peut s'élargir,
étant comprimé par les quatre côtés du carré.
La lettre ainsi enfoncée, on continue la même
opération autant de fois qu'on a besoin de lettres

pareilles. Le même procédé sert pour chaque lettre différente.

On justifie ensuite avec le plus grand soin toutes
les petites matrices de cuivre, qui ne sont plus con-
sidérées que comme des caractères creux et mobiles, qu'on assemble pour en former des pages,
comme avec des caractères en relief à l'usage de
l'imprimerie. Le soin qu'on recommande dans la
justification des lettres-matrices est d'autant plus
nécessaire que ces lettres étant formées en creux,
elles sont plus difficiles à distinguer que celles en
relief par les compositeurs.

La page étant donc ainsi composée, on la met
dans un fort châssis de fer, avec des règles de
même métal, que l'on presse fortement avec des
vis, lesquelles servent encore à comprimer les ty-
pes-matrices de cuivre contre le côté opposé du
châssis; de sorte que le tout ne forme qu'une masse
solide. On peut à cet égard voir les matrices d'assignats déposées au Conservatoire des Arts et métiers, indiqué ci-dessus.

La page-matrice étant jugée bonne à former des
clichés par l'opération du mouton, à cet égard la
manutention de MM. Herhan et Didot est la même
pour le reste du clichage : seulement M. Herhan
est obligé de faire plusieurs clichages pour vérifier
ses pages-matrices. Ce n'est que sur les épreuves
faites avec les clichés qu'on peut juger des change-
mens à faire dans la matrice ; il faut pour cela que
le cliché soit tourné et bisotté comme s'il devait
faire le tirage; souvent on est obligé de recom-
mencer plusieurs fois la même opération. Ces soins
minutieux et longs exigent du temps et des frais
d'ouvriers.

Au résumé les clichés obtenus avec les pages-
matrices sont sans contredit plus nets et plus
purs, l'œil de la lettre ayant la vivacité du poinçon,
et en tout bien supérieurs à ceux produits avec

la matrice en plomb, suivant le procédé de M. Didot. (1)

MM. Didot et Herhan ont produit beaucoup
d'ouvrages stéréotypés d'après leur procédé. Cette
nouvelle spéculation dans le commerce de la librairie offre plusieurs avantages pour le fabricant,
d'abord de ne tirer qu'au fur et à mesure les exemplaires dont on a besoin, et d'éviter par là, les frais
qu'exige le tirage des caractères mobiles, qui doit
être entièrement fait de suite pour toute l'édition,
avant d'en composer les pages, et les frais de papier, qui sont énormes, et qu'on ne peut ajourner.
Une autre considération majeure à l'avantage du
consommateur, c'est qu'il peut se procurer sur-le-
champ et en tous les temps le tome qui lui man-
querait d'un ouvrage en plusieurs volumes, et que,
pouvant facilement se remplacer, le libraire peut
donner ses exemplaires à meilleur marché.

*Recherches et observations sur les moyens d'amé-
liorer les procédés qu'on vient d'examiner, et des
avantages du nouveau procédé dénommé Pankytotypie.*

Ayant suivi les diverses manipulations de la stéréotypie et du cliché, je me suis convaincu qu'elles
laissaient beaucoup à désirer quant aux deux procédés décrits ci-dessus, et je désirais surtout éviter
le clichage et ses inconvéniens; le premier exige des
détails trop minutieux et longs; l'autre, quoique
bien supérieur, obtiendrait une préférence marquée
s'il pouvait être praticable avec moins de frais ;
d'ailleurs tous deux sont soumis aux inconvéniens
du clichage, c'est-à-dire de ne pouvoir dépasser
l'in-8° , parce que les soufflures inséparables du

(1) Voyez la page 12.

cliché et l'action du mouton qui serait trop forte
en raison des matrices s'opposent à l'entreprise
d'un format plus grand. On peut parvenir à force
de soins et d'adresse à clicher quelques pages in-4°,
mais on ne peut se flatter d'en obtenir un travail
suivi.

Quelques essais faits avec des planches d'ornemens gravés en bois, et qui avaient servi à
M. Oberkampf bien avant la révolution, m'ont
mis à même de méditer un procédé nouveau qui y
avait rapport.

D'abord je fus invité à m'occuper de la stéréotypie ; une telle mine à exploiter devait nécessai-
rement électriser mon goût pour les découvertes
et améliorations ; j'avoue cependant que je fus effrayé de toutes les difficultés qui s'offraient en
foule pour parvenir, 1° à former des planches solides et parfaitement identiques à celles des caractères mobiles ; 2° à tenter tous les formats de la
typographie, c'est-à-dire depuis le plus grand in-
folio jusqu'à l'in 32 ; 3° à éviter le clichage, dont
les inconvéniens paraissaient inévitables ; 4° à
trouver une matière plus dure que celles des clichés ordinaires ; 5° enfin à obtenir de la manipu-
lation des minéraux, des métaux et de la main
d'œuvre, des apprêts du travail et accessoires in-
dispensables pour atteindre mon but, une exécution facile, prompte et capable de procurer cent
pages par jour, et qu'on pût livrer à l'impression
en vingt-quatre heures.

Après avoir mûrement réfléchi et combiné tout
ce qui pouvait avoir rapport à ce projet, quelques
tentatives d'essais me firent entrevoir un heureux
succès ; je renouvelai de zèle et d'efforts : malheu-
reusement je fus obligé de suspendre mes recherches par des raisons particulières et personnelles,
provenant des événemens tenants à la révolution;
mais le hasard m'ayant fait rencontrer M. Durou-

chail, artiste, excellent graveur en taille de relief, et initié dans toutes les connaissances du polyty-page, ou l'art de reproduire en métal les gravures sur bois, et les multiplier par le moyen du cliché pour le service de l'imprimerie, versé d'ailleurs dans les détails de la typographie et imprimerie. Il avait aussi fait des essais sur la stéréotypie, et sans nous être communiqués ses idées avaient quelques rapports avec les miennes; mais il avait comme délaissé ce travail, étant trop occupé dans la gravure, et ne voulant pas d'ailleurs fournir aux frais qu'exigent les essais en tout genre pour perfectionner un art nouveau. Après quelques conférences qui me mirent à même d'apprécier les lumières et l'intelligence de M. Durouchail, je lui ai proposé une association pour m'aider dans mes travaux et recherches, désirant arriver à un résultat invariable, basé sur des règles certaines; il y consentit par amour pour les arts et estime pour moi ; après plus de trois ans de travail assidu en essais de toute espèce et en frais considérables, commandés par les difficultés imprévues, et qui se renouvelaient sans cesse lors même qu'elles paraissaient toutes vaincues, nous parvînmes enfin à n'avoir plus rien à désirer; toutes les parties de notre travail, ralliées à des principes fixes, nous donnèrent l'in-folio, et cette découverte en fut le triomphe. La première page de ce format, jusque là regardée comme impossible, fut soumise à une commission que j'obtins du ministre de l'intérieur. J'en avais fait composer la forme chez M. Gillé, imprimeur et fondeur en caractères, et afin de prouver l'identité et la parfaite ressemblance de la page stéréotypée avec celle des caractères mobiles, n'y avais introduit des mots composés de lettres neuves, d'autres à demi usées, et enfin d'autres tout-à-fait gâtées. Cette conviction démontrée par une concordance identique provoqua un examen plus rigoureux : M. Didot, membre de la commission, témoigna le désir que je montrasse à la commission une page entière stéréotypée avec des caractères neufs, pour la mettre à même d'apprécier dans son ensemble la bonté du procédé, jugeant que, d'après ma première épreuve variée dans les caractères, il était difficile de prononcer définitivement. Je m'empressai de saisir sa proposition en la présence même de la commission. Je demandai à M. Didot de me composer une page grand in-4°, où il réunirait tout ce qu'il y a de plus difficile pour la stéréotypie, lui proposant de lui rendre une pareille page stéréotypée par le nouveau procédé, et que quinze douzaines d'épreuves de sa forme mobile et de la mienne stéréotypée seraient imprimées chez lui, et signées de sa main. La commission entière se joignit à ma demande, et s'ajourna pour en juger. Enfin ma proposition fut exécutée à la satisfaction de la commission; on peut en juger par l'épreuve ci-jointe (1), tirée de la page stéréotypée, et signée par vingt des plus notables imprimeurs et fondeurs de la capitale : une pareille épreuve a été déposée chez son excellence le ministre de l'intérieur.

Maintenant le public est à même de juger du procédé, et d'en apprécier l'exécution dans plusieurs ouvrages, entre autres deux dictionnaires (2) grand in-8°, français – anglais, et anglais – français, caractère Mignonne et à deux colonnes, de 1,400 pages chacun ; les *cinq Codes,* aussi en Mignonne ; le *Nouveau Testament* et autres livres de dévotion en caractère Petit-Romain, imprimés chez M. Cosson, qui m'a secondé et aidé à vaincre bien des difficultés imprévues tenant à sa partie,

(1) Voyez les deux épreuves ci-jointes.
(2) Pour la librairie de MM. Nicolle et compagnie, qui les premiers ont mis ce procédé en activité.

et inséparables d'une nouvelle invention, que j'ai dénommée *Pankytotypie*, des mots grecs *pan*, tout; *kytos*, mouler; *typos*, type, ce qui signifie réunion des types par le moulage.

On voit par tout ce qui vient d'être dit que le grand avantage du nouveau procédé est de n'être borné par aucun des formats connus, et de pouvoir se servir de tous les caractères de la typographie, de conserver la pureté du type original, de pouvoir, en cas de besoin, avec cent livres de caractères imprimer même toute l'*Encyclopédie*, et de fournir cent pages et plus par jour, lesquelles peuvent produire autant de pages solides, et occuper autant de presses que l'on désire.

Ces pages solides procurent l'avantage de ne pas voir les lettres enlevées par l'action du touchage de l'imprimeur quand il y met l'encre avec le tampon, dit *balle*, ce qui arrive souvent avec les formes à caractères mobiles, les lettres n'étant maintenues que par des règles et coins de bois. Il faut avoir le soin tous les soirs de laver les caractères avec une eau de potasse en les frottant avec une brosse, sans quoi le noir d'impression qui reste attaché aux caractères les encrasserait, et ôterait la pureté à l'œil de la lettre.

Un des plus grands avantages de la stéréotypie en général est de multiplier les pages solides en autant de pareilles qu'on peut en avoir besoin, pour reproduire plusieurs fois identiquement la même page sur celle originale de caractères mobiles, et les livrer de suite à l'impression, avantage inappréciable dans un cas pressant, surtout pour un gouvernement intéressé à la prompte impression et circulation de ses actes.

La stéréotypie, suivant le nouveau procédé, réunit tous les avantages des autres, en y ajoutant les siens pour l'instruction publique et la morale religieuse. Multiplier les livres de cette espèce, et les donner à infiniment meilleur marché que ceux qu'on imprime en caractères mobiles, c'est mettre à même le peuple de connaître sa religion et ses lois; ainsi le malveillant ne pourrait plus échapper à la punition sous prétexte d'ignorance.

Tel est le noble but que je m'étais proposé en cherchant à perfectionner la stéréotypie, en lui soumettant tous les caractères de la typographie, et la dimension des plus grands formats.

Comme Christophe Colomb, qui avait deviné qu'il existait un nouveau monde, de même, par un travail assidu, je suis parvenu, aidé de M. Durouchail, à vaincre des difficultés sans nombre, et même quelquefois désespérantes au moment de jouir du succès ; mais

...Labor improbus omnia vincit.

APERÇU

SUR LA LITHOGRAPHIE.

IL existe depuis long-temps à Mayence un art nouveau très-ingénieux et qui a été transporté en France depuis environ vingt ans, qui a quelques rapports à la typographie; c'est l'art de propager par l'impression le dessin ou l'écriture, qui elle-même devient un *fac simile* parfait de l'écriture, au moyen d'une pierre préparée, et propre à la lithographie.

Ce procédé a l'avantage unique que l'épreuve tireé sur pierre peut être décalquée sur une autre qui acquiert la même propriété que celle qui a fait la première épreuve, ce qui peut être continué à l'infini. On sent qu'il faut avoir une main bien exercée pour écrire couramment de droite à gauche; aussi on est parvenu à vaincre cette difficulté.

On écrit sur un papier préparé, ainsi que cela se pratique ordinairement, de gauche à droite avec l'encre d'usage de la lithographie; on fait décalquer à la presse la page sur la pierre : les lettres y restent empreintes à rebours, et après avoir été encrée la page rend à la presse une épreuve identique.

Cet ingénieux procédé est d'une grande utilité pour l'art du dessin en ce qu'il produit à un nombre considérable les dessins des meilleurs maîtres, avec leur touche originale sans être altérée par des copistes ; les graveurs , quoique habiles dans l'art de bien couper le cuivre, ne rendent pas toujours fidèlement la justesse et la pureté du trait ni le sentiment de la touche d'un dessin , ce que la lithographie a l'avantage de rendre identiquement.

On décalque de même sur la pierre une page imprimée typographiquement; les lettres y sont très-bien empreintes, et servent à produire des pages pareilles, ce qui lui a fait donner le nom de *lithographie*, ou l'art de l'impression avec la pierre.

ATTESTATION

DES PRINCIPAUX IMPRIMEURS—LIBRAIRES ET FONDEURS
DE PARIS

qui ont signé la page stéréotypée par le nouveau procédé
de MM. le marquis de Paroy et Durouchail, présentée
à la commission nommée par son excellence le ministre
de l'intérieur, laquelle a été produite sur la forme mobile composée par M. Didot, qui l'a signée et imprimée
chez lui, comme étant ce que l'imprimerie pouvait of-
frir de plus difficile en typographie

*L'original est déposé au Musée du Conservatoire
des arts et métiers, rue Saint-Martin.*

———

Après avoir examiné le procédé de MM. le marquis de Paroy et Durouchail, je pense qu'il peut
être d'une excellente application à l'impression des
grands ouvrages de fonds qui doivent se conserver,
et que les caractères qui s'y emploient sont parfaitement conformes aux premiers types communiqués.   NAUZOU.
        6 juin 1820.

Ce procédé, réunissant l'économie à l'avantage
de donner tous les formats possibles, me paraît
supérieur aux procédés employés jusqu'à ce jour;
il a de plus celui de rendre dans la perfection les
types les plus délicats.   L. T. CELLOT.

Le procédé inventé par MM. le marquis de Paroy et Durouchail me paraît devoir présenter de
grands avantages pour la multiplication des compositions et la parfaite ressemblance des unes avec
les autres.   LE BLANC.
        Paris, 7 juin 1820.

Ayant vu et examiné le cliché ou polytypage de
la page composée en différens caractères très-dif-
ficiles à reproduire, n'importe les moyens inventés
par MM. le marquis de Paroy et Durouchail, et

ayant vu aussi l'épreuve signée Didot, j'ai admiré cette découverte.

GILLÉ père, *fondeur et imprimeur*.

Paris, 9 juin 1820.

Le nouveau procédé dont j'ai examiné les détails et les résultats me paraît devoir soutenir avec avantage la concurrence avec tous les procédés typographiques précédemment en usage. BALLARD.

Je crois le nouveau procédé très-bon pour multiplier les compositions. FAIN.

Je pense que ce procédé est le meilleur de ceux qui ont paru jusqu'à ce jour. COSSON.

Je pense que ce procédé peut être très-utile à l'imprimerie. MOLÉ.

Je reconnais que ce nouveau procédé donne l'avantage d'imprimer comme sur les caractères mobiles. CHANSON, *imprimeur-libraire*.

Je suis du même avis que M. Chanson.

LE NORMANT.

Je pense que ce nouveau procédé de stéréotypage est avantageux. CRAPELET.

Je pense que si le nouveau procédé de pankytotypage répond aux épreuves qui m'ont été communiquées il entrera en concurrence des stéréotypies avec avantage pour un grand nombre de spéculations de librairie. DEMONVILLE.

Je pense que ce nouveau procédé peut être très-utile, et remplacer la stéréotypie avec une grande économie. HACQUARD.

Je pense que ce nouveau procédé peut très-bien soutenir la concurrence avec ceux déjà connus.

PILLET aîné.

Je suis convaincu que le procédé ci-dessus sera très-utile au commerce, et pour mon compte je ne manquerai pas d'en faire usage. ÉMERY.

Procédé ingénieux et surtout économique.

ALGRIN.

12 juin 1821.

Paris, le 11 octobre 1820.

Monsieur le Marquis,

J'ai reçu la lettre que vous m'avez fait l'honneur de m'écrire le 7 de ce mois, pour m'entretenir du désir que vous éprouveriez de voir employé à l'utilité du Gouvernement, les précieux procédés typographiques dont la France est redevable à vos travaux.

Je me suis aussitôt empressé de transmettre votre vœu à M. le Ministre de l'Intérieur, en l'invitant à chercher les moyens d'y satisfaire.

Recevez, je vous prie, Monsieur le Marquis, l'assurance de ma considération la plus distinguée,

Richelieu.

M. le Marquis de Paroy, à Paris.

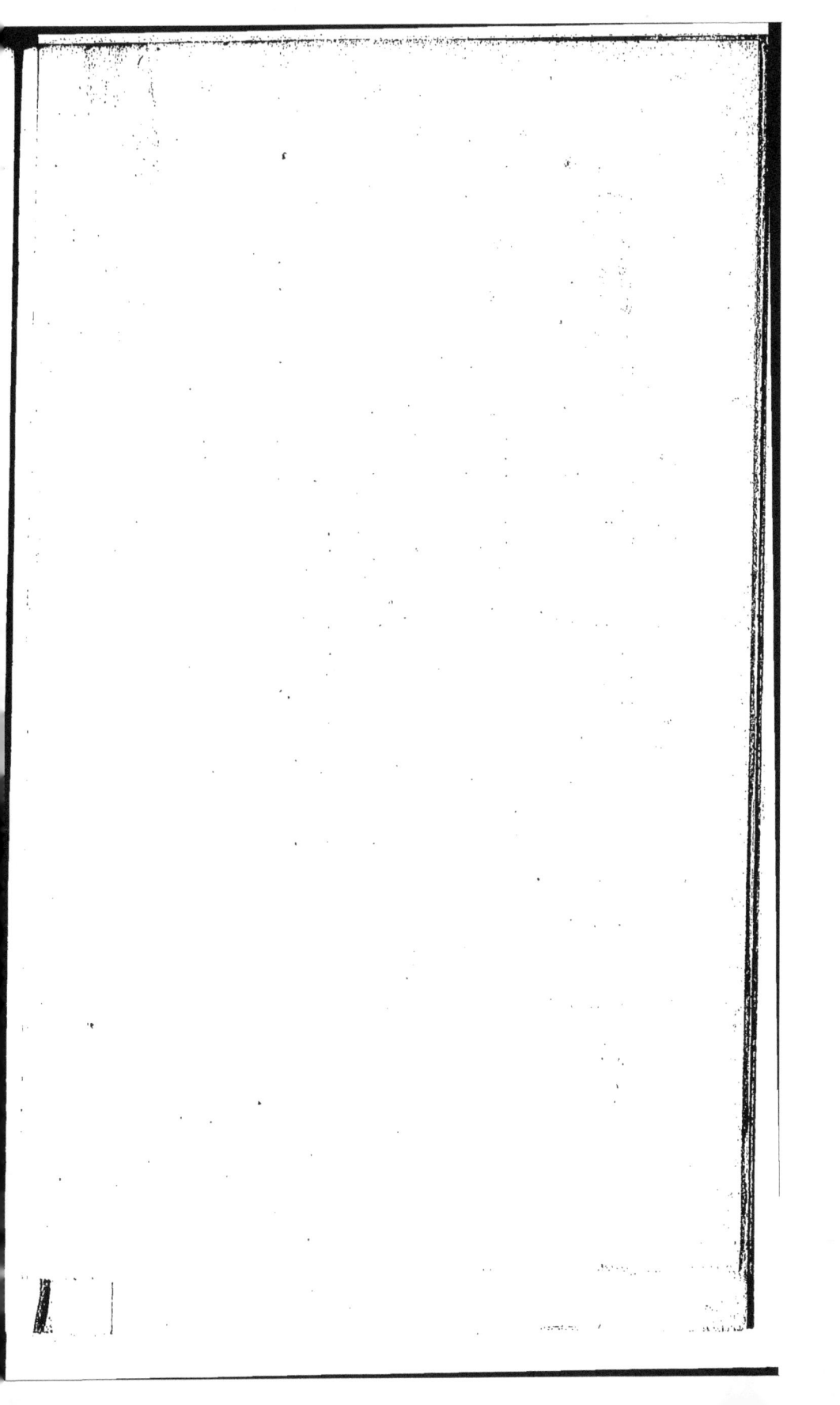

PLANCHE I.

SQUELETTE DE L'HOMME ADULTE VU DE BOUT PAR SA' FACE STERNALE OU ANTÉRIEURE, AYANT LE BRAS GAUCHE ABAISSÉ DANS LA SUPINATION , ET LE DROIT UN PEU ÉLEVÉ ET DANS LA PRONATION ; On y distingue :

A L'os Frontal, communément Coronal.
ii L'os Pariétal droit.
∴ L'os Temporal droit, on os des tempes. On doit spécialement y remarquer une Apophyse saillante, nommée MASTOÏDE, qui donne attache à plusieurs muscles.
O Portion de l'Apophyse montante, ou grande aile du sphénoïde.
H L'os Zygomatique , communément Malaire , ou os de la pommette.
X L'os Lacrymal, communément Unguis.
w L'os Nasal, communément os quarrés ou os propres du nez.
∞ Le Vomer.
⊙ L'os Sus-Maxillaire , ou de la mâchoire supérieure.
Υ L'os Maxillaire, ou la mâchoire inférieure.
T Les Dents, qui sont au nombre de trente-deux, seize à chaque mâchoire, et que d'après leur forme on distingue en cunéiformes ou incisives, conoïdes ou canines, et cuspidées ou molaires.
Φ Vertèbres du col, vus sur la face trachélienne ou antérieure.
OO La Clavicule.]
◊ Le Sternum.
XX Appendice abdominale du Sternum, communément cartilage xyphoïde.
    Les Côtes, au nombre de douze de chaque côté ; les sept supérieures qui aboutissent au Sternum sont nommées Sternales, communément vraies côtes ; les cinq inférieures sont asternales, communément fausses côtes.
✳ Les cinq vertèbres des lombes ; face pré-lombaire.
    L'os Coxal, os de la hanche, communément os innominé ; auquel on distingue trois régions ou portions différentes par leur forme, leur situation ; SAVOIR :
II L'Ilium ou région supérieure ou iliaque , communément l'os Ilion.
Υ L'os Pubis, région antérieure , communément l'os Pubis.
Ω L'Ischion, région inférieure, communément l'os Ischion.
♂ Le Sacrum vu antérieurement.
↖ Pointe ou sommet du Coccix.
88 Le Trou Sous-Pubien, communément Obturateur.
i Le Scapulum, communément l'omoplate, os de l'épaule.
⊕ L'Humérus , ou l'os du bras.
IOI Le Cubitus, ou l'os du coude.
Y Le Radius, ou Rayon.
    La Main ; et il faut noter que la droite est en pronation, et vue par la face Sus-Palmaire ; et la gauche en supination, et par conséquent vue par la face Palmaire.
181 Le Fémur, l'os de la cuisse; on doit spécialement remarquer à son extrémité coxale ou supérieure la tête articulaire portée sur une Apophyse oblique, que l'on nomme le col; une autre grosse Apophyse extérieure nommée Trochanter, destinée à l'attache des muscles rotateurs; enfin, à la partie interne, une autre Apophyse plus petite nommée Trochantin, ou petit Trochanter, destinée à l'attache des muscles rotateurs.
Ω La Rotule.
N Le Tibia.
IOOI Le Peroné.
ÒÒÒ Le Pied, vu par la face Sus-Plantaire ou Dorsale du pied.

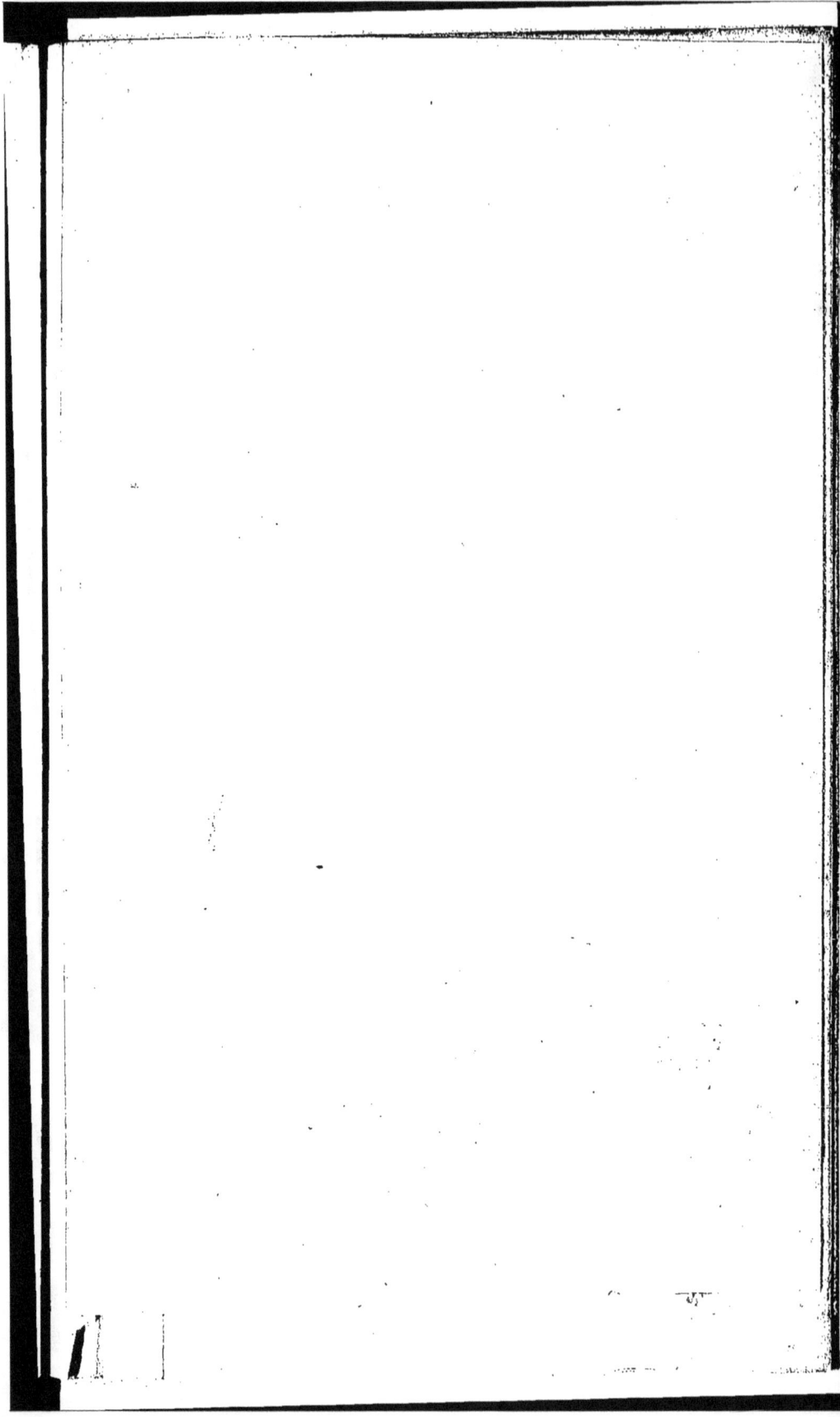

pailles qui existent de ces deux princes, avec la même foi, et qu'on peut oir dans divers cabinets, et notamment la collection du Roi(1). Les trois der-nières lettres PMZ nte l'année 147 qui orrespond au règne d'Antiochus IV, ai

assurances sur la vie sont des placements de fonds où l'on tient c à l'assuré, non-seulement des inténisation, et s'être convaincu qu Epoess-it sur des fondements solides et durables. accordé sa sancto près avoir fait examiner soigneusement par le Conseil d'Etattoutes des l'exploitation pour Cherbourg à emploie l'on que Les moyens destinée. qpu li lac la à définitivement poser les et blocs les reprendre pour jetég la de divers sur établies sont fixes grues semblables De (1). soin de la digue. revê tis on forme de quartz dont de grès veinés blocs volumineuxextrailes quo commer du port de vers le sud-est de distance (780 mèt.) quatre cents toisese r Roule, située montagne du C'est de la moins expéditifs. simples ni sont no

pailles. Ovant tout entreprendre et ne rien épargner. Que la mort de Valois vous apprenne à régner. On s'assche; let déjà let chaliers, S'adresse au de leurs voix infernales. Le bandeau de l'erreur aveuglé tous les yeux. L'un, des faveurs de Rome, tal, Ce monument affrent de pouvoir manual, Que l'Espagne a reçu, mais qu'elle-même abhorre, Qu'un venge-le autel et qui isi Qui, tout couverps enI Egor de sang, il,ae fl fruite et un far sacrésCome siès mange va a nous viviondas ces temps déplora
objets plus sérieux et plus importans, des étudesplus sévères et plus réflechies vont replacer lesjeux de l'imaginati points contrari ; parlesquels ils commu-niquent les uns avec les autres. Ainsi l'imagination, non pas, il est vrai, c invente, celle qui peint et qui émeut, est essentialle al'orateur come au poète; et le poète, dans le plus vif accès

Bompen endouleuse m endouleus; levodas mcontemplation n'oulege ou'endas delelle, ie
manqueque un montsacdune egusture fperoieou voirun sfagnefu fauantlocourslumelee

Elles formeront QUATRE volumes in-8°, ornés de quatre gra-vures, et seront divisées en deux livraiso volumeschacune. La première paraîtra à la fin du mois dedécembreprochain, et la seconde à la fin de 20. Le prix dechaque livraison est fixé à 11 francs mè12 fr.), et à 14 fr.(satiné 15 fr.), franc deportp poste.Lepapier et lecaractère de ce donment une juste idée de l'exécutiontypographique. Il en estité unf mais, et aux farines de seigle et de maïs, lors-que le prix en sera descendu à dix-septfrancs vernementcontinuera pendant une année d'être autorisé, conformément à la loi du 4 mai 180 réal an X), à établir des droits de péage dansle cas où ils seront reconnus nécessaires pour co la construction ou à la réparation des ponts, écluses et ouvrages d'art à lacharge de l'état; extrêmement légère. On la réunit, sans la mêler avec de l'huile de tortue, en i ins de 8 à 9 pouces de long etde 2 à 3 de haut, arrondis sur les bords. Chauffés pains répandent une odeur sur-tout près de l'Esmeraldai. Nous l'avons égalemn pésiquiare. Le pigment rouge du Chica n'est pas tiré du fruit, comme l'Onoto, s feuilles macérées dans l'eau. La matière colorante se separe sous la forme d'unu

DICTIONNAIRE

UNIVERSEL

DE

LA LANGUE FRANÇAISE.

A

Tanche à la poulette.

Après l'avoir douillée et limonée, vous la préparez comme l'anguille à la poulette. (Voy. *Anguille à la poulette*).

Tanches frites.

Après avoir vidé et bien lavé vos tanches dans un linge, vous les ouvrez par le dos; vous les saupoudrez avec un peu de sel; vous les frottez de farine et les mettez dans une friture de mi-doux bouillant; faites-leur prendre une belle couleur; faites une sauce avec un anchois, des champignons, des truffes et des câpres, le tout haché bien menu, et mijoté dans du jus de viande avec le jus d'un citron, ou un peu de coulis de poisson.

De la lotte ou barbote.

Il faut limoner ce poisson; après cette opération, on le fait cuire dans le court-bouillon, pour qu'il ait plus de goût; on la sert aussi frite, après l'avoir préalablement marinée; quand elle est de belle couleur, on la sert sur une assiette pour un plat de rôt. On la met dans les matelotes; on en fait aussi des entrées au gras, comme en fricandeau piqué ou au naturel, avec toutes sortes de ragoûts.

De la lamproie.

La lamproie ressemble à l'anguille; il y en a de rivière et de mer; il faut la limoner, vous la coupez par tronçons et la préparez comme l'anguille à la poulette. (Voyez *Anguille à la poulette*.) On la fait cuire sur le gril comme les autres poissons, et on la sert avec une sauce aux câpres, ou une sauce à la remoulade.

DICTIONNAIRE

ANGLAIS ET FRANÇAIS.

4

396. Les effractions intérieures sont celles qui, après l'introduction dans les lieux mentionnés en l'article précédent, sont faites aux portes ou clôtures du dedans, ainsi qu'aux armoires ou autres meubles fermés. — Est compris dans la classe des effractions intérieures le simple enlèvement des caisses, boîtes, ballots sous toile et corde, et autres meubles fermés, qui contiennent des effets quelconques, bien que l'effraction n'ait pas été faite sur le lieu.

397. Est qualifiée escalade toute entrée dans les maisons, bâtimens, cours, basses-cours, édifices quelconques, jardins, parcs et enclos, exécutée par-dessus les murs, portes, voitures ou toute autre clôture. — L'entrée, par une ouverture souterraine, autre que celle qui a été établie pour servir d'entrée, est une circonstance de même gravité que l'escalade.

398. Sont qualifiés fausses clefs tous crochets, rossignols, passe-partout, clefs imitées, contrefaites, altérées, ou qui n'ont pas été destinées par le propriétaire, locataire, aubergiste ou logeur, aux serrures, cadenas, ou aux fermetures quelconques auxquelles le coupable les aura employées.

399. Quiconque aura contrefait ou altéré des clefs sera condamné à un emprisonnement de trois mois à deux ans, et à une amende de vingt-cinq francs à cent-cinquante francs. — Si le coupable est un serrurier de profession, il sera puni de la réclusion. — Le tout sans préjudice des plus fortes peines, s'il y échet, en cas de complicité de crime.

400. Quiconque aura extorqué par force, violence ou contrainte, la signature ou la remise d'un écrit, d'un acte, d'un titre, d'une pièce quelconque contenant ou opérant obligation, disposition ou décharge, sera puni de la peine des travaux forcés à temps.

401. Les autres vols non spécifiés dans la présente section, les larcins et les filouteries, ainsi que les tentatives de ces mêmes délits, seront punis d'un emprisonnement d'un an au moins et de cinq ans au plus, et pourront même l'être d'une amende qui sera de seize francs au moins et de cinq cents francs au plus. — Les coupables pourront encore être interdits des droits mentionnés en l'article 42 du présent Code, pendant cinq ans au moins et dix ans au plus, à compter du jour où ils auront subi leur peine. — Ils pourront aussi être mis, par l'arrêt ou le jugement, sous la surveillance de la haute police pendant le même nombre d'années.

SECTION II. *Banqueroute, Escroquerie, et autres espèces de Fraude.*

§. Ier. *Banqueroute et Escroquerie.*

402. Ceux qui, dans les cas prévus par le Code de com-

6

Caisse Commerciale d'Escompte, No 9, Rue de Ménars, à Paris.

Bon pour Six francs en billon, payable à vue au porteur.

Paris, le 182

No

Billon.

No

Six fr.

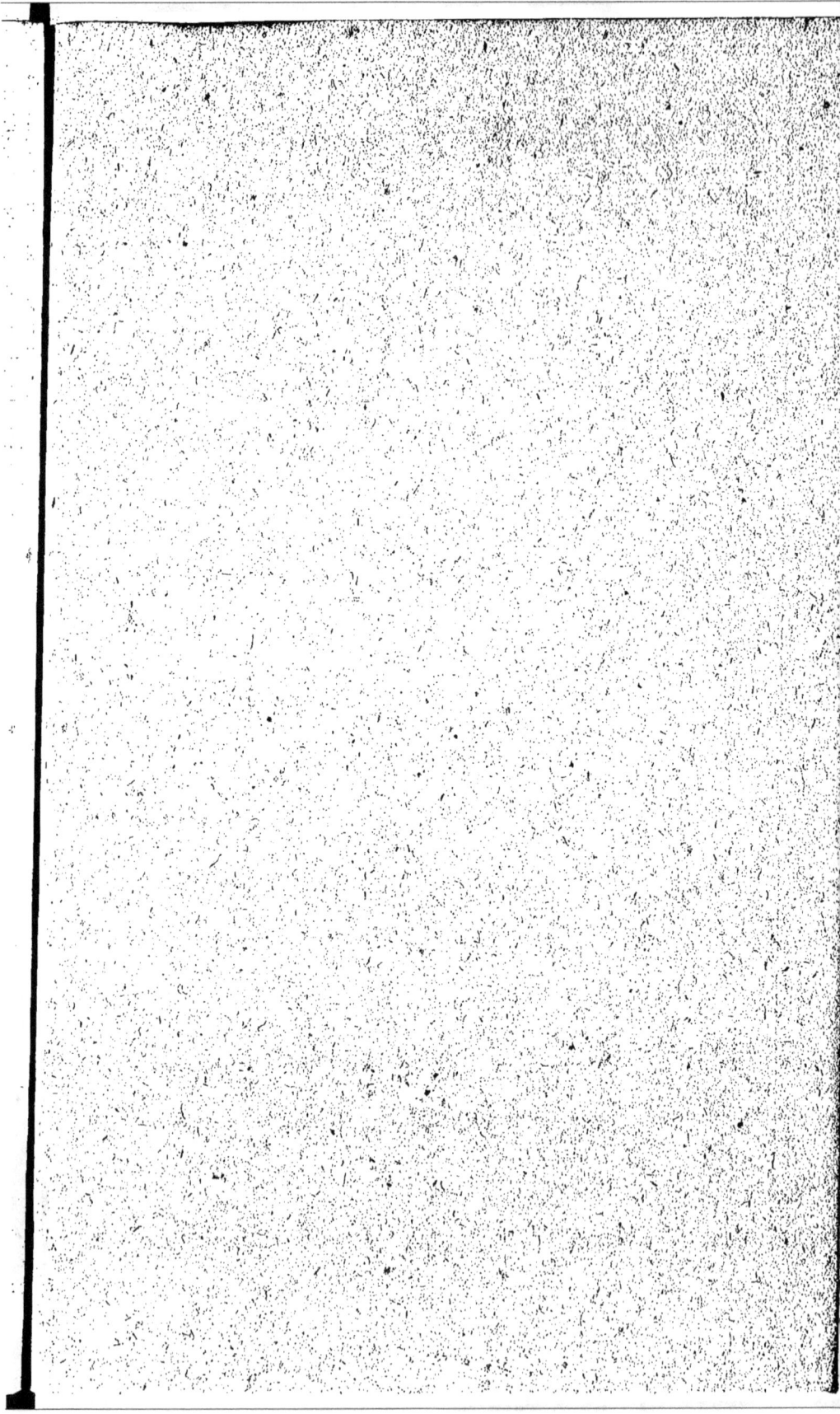

www.ingramcontent.com/pod-product-compliance
Lightning Source LLC
Chambersburg PA
CBHW071410200326
41520CB00014B/3375